I. M. Danwali

As mulheres e a aquicultura no século XXI

I. M. Danwali

As mulheres e a aquicultura no século XXI

Participação e contribuição das mulheres no sector das pescas

ScienciaScripts

Cover image: www.ingimage.com

This book is a translation from the original published under ISBN 978-620-8-01286-1.

Publisher:
Sciencia Scripts
is a trademark of
Dodo Books Indian Ocean Ltd. and OmniScriptum S.R.L publishing group

120 High Road, East Finchley, London, N2 9ED, United Kingdom
Str. Armeneasca 28/1, office 1, Chisinau MD-2012, Republic of Moldova, Europe
Printed at: see last page
ISBN: 978-620-8-26355-3

Participação das mulheres nas actividades de pesca como meio de subsistência na área da administração local de Doma do Estado de Nasarawa

I. M. Danwali[1] , R. Mohammed[1] , W. D Adamu[1] , A. S. Ibrahim[2] , I. O. Hafsat[3] , F. K. Abubakar[3] e H. D. Mudi[3]

[1]Departamento de Aquacultura e Gestão das Pescas, Universidade Estatal de Nasarawa Keffi, Campus de Shabu-Lafia. Estado de Nasarawa, Nigéria.

[2]Departamento de Tecnologia das Pescas e Aquacultura, Universidade Federal de Tecnologia de Owerri, Estado de Imo, Nigéria.

[3]Departamento de Tecnologia das Pescas, Faculdade de Agricultura, Ciência e Tecnologia, Lafia, Estado de Nasarawa, Nigéria.

danwali.musa@nsuk.edu.ng +2348033847329

Resumo

O estudo foi realizado para determinar a participação das mulheres nas actividades de pesca como meio de subsistência na área do Governo Local de Doma do Estado de Nasarawa, Nigéria. Um total de sessenta (60) mulheres envolvidas em actividades de pesca foram selecionadas através de uma técnica de amostragem intencional na área de estudo. Os dados primários foram recolhidos através da utilização de um questionário estruturado e de uma entrevista pessoal aos inquiridos. Foi utilizada uma estatística descritiva simples para analisar os dados. Os resultados do estudo mostraram que 33,3% dos inquiridos se encontravam na idade produtiva ativa, entre 31 e 40 anos. A maioria (63,3%) dos inquiridos era casada e cerca de (40%) tinha 6-10 anos de experiência em actividades de pesca. Os resultados indicaram que a maioria (33,35) dos inquiridos estava envolvida na comercialização de peixe fumado, enquanto 26,7% estavam envolvidos na comercialização de peixe fresco. Os resultados revelaram ainda que a maioria dos inquiridos não gasta um kobo em transporte, lenha, reparação e manutenção, combustível, peixe processado, compra de peixe fresco, equipamento de pesca, frigorífico, refrigerador, tambores, bacias e aluguer de terrenos e lojas, respetivamente. Os principais constrangimentos enfrentados pelas mulheres nas actividades de pesca na área de estudo foram a falta de facilidades de crédito, transporte deficiente, falta de contacto com a extensão e falta de instalações de armazenamento. Por conseguinte, o estudo recomendou que as mulheres nas pescas deveriam ser desenvolvidas através de programas de formação de extensão e aquisição de competências, fornecimento de facilidades de crédito para melhorar os seus negócios, melhorar as facilidades de transporte, serviços de saúde e educação para melhorar a sua participação em programas de desenvolvimento e o governo deveria instituir programas de desenvolvimento para as mulheres rurais. As mulheres, tanto nas zonas rurais como urbanas, devem ser educadas para participarem plenamente nas actividades de pesca para um desenvolvimento aquícola sustentável. As mulheres precisam de ter acesso a facilidades de crédito a uma taxa de juro acessível e viável para consolidar a sua posição no desenvolvimento da aquacultura, especialmente na área da transformação e segurança dos produtos aquícolas.

CAPÍTULO UM

1.0 INTRODUÇÃO

1.1Antecedentes do estudo

O sector das pescas é uma importante fonte de alimentação e de subsistência para muitas pessoas em todo o mundo. O peixe constitui uma fonte vital de proteínas e de rendimento monetário para muitas famílias nos países em desenvolvimento. Estima-se que cerca de 200 milhões de pessoas em todo o mundo dependam do peixe para a totalidade ou parte dos seus rendimentos (Akpaniteaku *et al.*, 2015). As mulheres desempenham um papel importante na pesca e na manutenção dos agregados familiares e das comunidades. Embora a produção de peixe seja tradicionalmente considerada uma atividade masculina, o papel das mulheres na pesca é complementar e crucial. Um dos produtos mais importantes manuseados pelas mulheres é o peixe (Akpaniteaku *et al.*, 2015). Nas comunidades das zonas húmidas costeiras, as mulheres estão profundamente envolvidas nas actividades de pesca artesanal. Estas actividades incluem o descarregamento do peixe das canoas de desembarque, a comercialização e a transformação do peixe (Cochrane *et al.*, 2013), que basicamente formam a ligação entre a produção e o consumo.

Tradicionalmente, as mulheres são obrigadas a cuidar da família em termos de alimentação, vestuário, escolaridade, cuidados de saúde (Nauen, 2012) e algumas outras tarefas domésticas como cozinhar, limpar, ir buscar água e lenha. Estas responsabilidades primárias são frequentemente combinadas com a agricultura para sustentar a família. As oportunidades de geração de rendimento dependem das necessidades e circunstâncias locais e também do engenho das mulheres para as aproveitar (Madhu, 2014).

As famílias dependem principalmente do peixe gratuito fornecido pelas mulheres do agregado familiar que se dedicam à comercialização do peixe (Adeyemo, 2013). Os decisores políticos geralmente ignoram o papel significativo que as mulheres desempenham na produção pesqueira e não há informações suficientes sobre o envolvimento das mulheres na pesca artesanal na área de estudo. O objetivo deste estudo é destacar a relevância e as contribuições das mulheres na zona húmida costeira do Estado de Ogun, Nigéria, para a segurança alimentar dos peixes.

Os intervenientes femininos no sector das pescas eram, até há pouco tempo, invisíveis nas estatísticas recolhidas e fornecidas aos gestores das pescas e aos decisores políticos. Nos últimos tempos, mais literatura tem sido direcionada para tornar os papéis das mulheres mais visíveis. Por exemplo, Williams (2012) e Weeratunge e Snyder (2014) descrevem a divisão de trabalho diversificada em função do género nas comunidades piscatórias, bem como o seu envolvimento e importância na transformação e no comércio da pesca. Isto também foi evidente nos Simpósios Globais sobre Mulheres na Pesca, nos fóruns sobre género na pesca nas redes sociais e, mais recentemente, no 4º Simpósio Global sobre Género na Aquicultura e na Pesca da Sociedade Asiática de Pesca, realizado em Yeosu, na República da Coreia, de 1 a 3 de maio de 2013, entre várias outras reuniões do mesmo género.

Além disso, o Programa de Meios de Subsistência Sustentáveis da Pesca em África (SFLP, de 1999 a 2006) e o Programa Regional de Meios de Subsistência da Pesca na Ásia (RFLP, de 2009 a 2013), dois projectos implementados pela FAO, também integraram e promoveram o papel das mulheres através de numerosos estudos, guias de políticas, workshops e intervenções específicas a cada país Arenas e Lentisco (2011) e FAO (2017), onde o importante papel das mulheres na cadeia de valor do peixe foi destacado e melhorado. Ao mesmo tempo, estes projectos foram além do papel das mulheres como transformadoras de peixe, procurando formas de as envolver mais diretamente na gestão das pescas.

Outros projectos e esforços sublinharam o importante papel das mulheres na pesca, mas principalmente na perspetiva das suas contribuições para a transformação e comercialização. Os governos, os projectos e as políticas reforçaram a noção de que a posição e o papel principal das mulheres se situam no sector da transformação. Ao longo dos anos, estes esforços fizeram com que as mulheres beneficiassem de formação no domínio da transformação e da comercialização, através de subvenções e créditos para adquirir equipamento de transformação e fundos de capital para comprar peixe e pagar o transporte. Em resultado destes papéis mais conhecidos nas actividades pós-colheita, as mulheres estão a começar a receber mais atenção na elaboração de políticas e na gestão das pescas, mas principalmente em questões associadas à sua experiência pós-colheita. Em África, particularmente em torno dos Grandes Lagos, as mulheres têm participado mais ativamente na gestão das Unidades de Gestão das Praias (BMU), promovendo aspectos de higiene e segurança alimentar dos locais de desembarque (Dey de Pryck, 2012).

De acordo com Dey de Pryck (2012), para reforçar plenamente o papel das mulheres na gestão dos recursos haliêuticos (por exemplo, sendo proprietárias de barcos e artes, participando em organizações de pesca e tendo um papel mais ativo na tomada de decisões a todos os níveis), é necessário desenvolver a capacidade das mulheres em diferentes elos da cadeia de valor e encontrar formas de ultrapassar e desafiar as barreiras institucionais e socioculturais. Um primeiro passo importante consistiria em identificar os factores e processos que devem ser promovidos para começar a explorar o potencial das mulheres na governação das pescas. O ato de integrar o género na política e nas estratégias de governação, documentar os processos aplicados e aprofundar os diálogos sobre o género ajudaria muito a definir boas práticas e a aprender através da prática.

1.2 Declaração do problema

Tradicionalmente, as mulheres têm desempenhado um papel importante na agricultura e sempre estiveram intimamente envolvidas no processo de produção da pesca. No entanto, existe uma ampla divisão do trabalho em que as mulheres se dedicam principalmente ao trabalho agrícola doméstico, enquanto os homens realizam actividades agrícolas no campo. Muitas investigações revelam que, para além do trabalho doméstico regular, 43% das mulheres estão envolvidas em actividades relacionadas com a agricultura e 15% tomaram a agricultura como ocupação de segunda linha, pelo que se pode presumir que cerca de 58% das mulheres estão direta ou indiretamente envolvidas em actividades relacionadas com a agricultura (Eyo *et al.,* 2017).

A pesca pode ser uma ocupação a tempo inteiro para os homens; no entanto, o envolvimento das mulheres também é significativo. No entanto, o envolvimento a tempo inteiro das mulheres na pesca já não é um cenário raro. Elas estão direta ou indiretamente envolvidas em actividades como o fabrico de redes de pesca, artes de pesca, reparação e manutenção das artes de pesca, seleção de alevins (especialmente nas zonas costeiras), transformação do peixe, transporte, comercialização, etc. No entanto, a maioria das mulheres que trabalham no sector das pescas não tem acesso a recursos físicos e de capital, a cargos de decisão e de liderança, à formação e à educação formal. O acesso a estes recursos e serviços essenciais melhoraria a eficiência, a rentabilidade e a sustentabilidade das suas actividades. Embora os projectos de desenvolvimento da pesca em grande escala, a mecanização e a tecnologia melhorada possam aumentar as capacidades produtivas na pesca, podem também aumentar a carga de trabalho pós-colheita das mulheres. Esta carga suplementar é muitas vezes assumida sem um aumento do salário ou à custa de outras possíveis actividades geradoras de rendimentos. Se uma atividade de pesca for alargada ou mecanizada, torna-se frequentemente o domínio dos homens. As mulheres devem ser parceiras iguais e participantes produtivas em actividades de pesca que melhorem o seu próprio nível de vida e de nutrição, bem como o das suas famílias. Deve ser-lhes dada a oportunidade de adquirir tecnologias adequadas que lhes permitam contribuir eficazmente para o desenvolvimento e crescimento sustentados da pesca (Eyo *et al.*, 2017). Por conseguinte, é essencial aumentar a participação das mulheres e a tomada de decisões nas políticas de desenvolvimento das pescas. Com base no que precede, torna-se importante dar respostas às seguintes questões de investigação;

i. Quais são as caraterísticas socioeconómicas das mulheres envolvidas nas actividades de pesca na área de estudo?
ii. As actividades de pesca são lucrativas para as mulheres participantes na área de estudo?
iii. Quais são os factores que afectam as mulheres envolvidas em actividades de pesca na área de estudo?
iv. Quais são os constrangimentos que afectam as mulheres envolvidas em actividades de pesca na área de estudo?

1.3 Objectivos do estudo

O objetivo geral do estudo é determinar a participação das mulheres nas actividades de pesca na Área de Governo Local de Doma do Estado de Nasarawa, Nigéria, enquanto os objectivos específicos são

i. determinar as caraterísticas socioeconómicas das mulheres envolvidas em actividades de pesca na área de estudo;
ii. estimar a rendibilidade da pesca para as mulheres participantes na zona de estudo;
iii. determinar os factores que afectam as mulheres envolvidas em actividades de pesca na área de estudo; e
iv. determinar os constrangimentos que afectam o envolvimento das mulheres nas actividades de pesca na área de estudo

1.4 Importância do estudo

Poucos estudos se debruçaram sobre a questão de como a pesca afecta o estatuto das mulheres e as relações de género no agregado familiar e na comunidade e como, por sua vez, estas relações influenciam a eficácia da aquacultura na melhoria dos meios de subsistência e na luta contra a pobreza.

Este estudo ajudará a desenvolver estratégias para melhorar os objectivos de subsistência das mulheres através do desenvolvimento da aquacultura. Também responderá se o desenvolvimento da aquacultura desempenha um papel no empoderamento das mulheres e na promoção social.

Fornecerá igualmente respostas para a resolução dos constrangimentos que afectam as mulheres envolvidas em actividades de pesca. Além disso, este trabalho de investigação permitirá esclarecer os investigadores que pretendam realizar trabalhos de investigação semelhantes sobre a participação das mulheres nas actividades de pesca.

CAPÍTULO DOIS

2.0 REVISÃO DA LITERATURA

2.1 Produção de peixe na Nigéria

Os nigerianos são grandes consumidores de peixe e este continua a ser um dos principais produtos consumidos em termos de proteína animal. Os investidores têm a oportunidade de estabelecer empresas de piscicultura em vários locais do país. Atualmente, apenas cerca de 50% da procura de peixe é satisfeita pela oferta local. Estima-se que o sector das pescas contribua com 3,5% do PIB da Nigéria e proporcione emprego direto e indireto a mais de seis milhões de pessoas (Oresegun *et al.*, 2017).

A Nigéria tem muitos rios e massas de água que serviriam como bons locais para a instalação de explorações piscícolas. Existem oportunidades em várias áreas do subsector das pescas, que incluem Produção de peixe de mesa, construção de pisciculturas, armazenamento, processamento e conservação de peixe capturado, multiplicação de sementes de peixe, transporte, financiamento. Foi afirmado que os primeiros piscicultores da Nigéria criavam os seus peixes em tocas, campos de minas abandonados e em tanques de terra em sistema de produção extensiva (Oresegun *et al.*, 2017). A introdução de tanques de betão permite gerir o tamanho do tanque e modificar o ambiente através de um sistema de fluxo de água e alimentação suplementar, permitindo assim uma maior produção de peixe. O advento do sistema de recirculação de água em recintos fechados (WRS) abriu uma nova perspetiva para a aquicultura. A introdução do WRS criou um ponto de viragem na produção de peixe na Nigéria, especialmente de peixe-gato.

Um sistema de recirculação (RAS) é um sistema de piscicultura intensiva que incorpora o tratamento e a reutilização da água com menos de 10% do volume total de água substituído por dia. Consequentemente, é necessária menos água para o sistema de funcionamento da aquacultura. Existe também um controlo ambiental completo do sistema e a disponibilidade durante todo o ano de peixes de colheita controlada. O conceito básico dos RAS consiste em reutilizar um volume de água através de um tratamento contínuo e do seu fornecimento aos organismos que estão a ser cultivados. Embora o sistema de recirculação exija um investimento inicial elevado, um risco elevado e exija competências técnicas, oferece uma série de vantagens potenciais para a aquicultura, nomeadamente (Oresegun *et al.,* 2017). Produção de peixe em locais onde a água disponível é limitada, biossegurança, capacidade de localizar a operação perto dos mercados para reduzir o tempo e os custos de transporte do produto, melhor conversão alimentar e produção durante todo o ano. Os tanques são componentes essenciais da maioria das explorações piscícolas e aquícolas. As terras baixas ou os vales menos adequados a outros desenvolvimentos agrícolas são geralmente selecionados como locais para estes tanques e esta é frequentemente a consideração decisiva na seleção do local para todo o projeto. As lagoas são normalmente pouco profundas, cobrem áreas relativamente grandes e são rodeadas ou represadas, na maioria dos casos, por diques ou barragens de terra baixos. Os lagos são normalmente enchidos e drenados através de canais abertos; outros métodos, como o enchimento através de uma conduta, são excepcionais (Oresegun *et al.,* 2017).

2.2 O papel da pesca na economia nacional

Desde a década de 1960, o sector das pescas tem contribuído com 1,11 a 2,4 por cento do Produto Interno Bruto (PIB) ou 3,0 a 6,0 por cento do PIB agrícola. Isto deve-se ao facto de o peixe ser uma importante fonte de proteína animal e de ter continuado a aumentar a sua importância ao longo dos anos, especialmente como substituto da carne de bovino. Estudos recentes confirmam a crescente mudança do consumo de carne para o consumo de peixe entre as famílias na Nigéria (Essien, 2012). O subsector da pesca artesanal constitui uma importante fonte de emprego, especialmente nas zonas marítimas e fluviais da costa sul. As receitas estimadas são superiores a quinhentos milhões de nairas. Na Nigéria, o peixe é capturado no mar, no interior e, mais recentemente, em lagos e outros sistemas de cultura artificial. As capturas de peixe artesanal de todos os Estados da Nigéria aumentaram regularmente de cerca de 465 569 toneladas métricas em 1980 para 506 790 toneladas métricas em 1983. Depois disso, começou um declínio constante, começando com cerca de 326 963 toneladas métricas em 1984, para apenas 184 412 toneladas métricas em 1993. Não é de admirar, portanto, que a autossuficiência, a produção baseada numa taxa de crescimento populacional de 3,5%, seja de 23% em 1996, em comparação com apenas 35% em 2010 (Essien, 2012).

2.3 Participação das mulheres na pesca de captura

A pesca é uma atividade dominada pelos homens devido à imagem de que só os homens vão para o mar nos barcos de pesca. Na maioria dos casos, as mulheres das comunidades piscatórias não estão autorizadas a acompanhar as embarcações de pesca, mas esta proibição está sobretudo ligada à necessidade de permanecerem nas instalações do agregado familiar para poderem cumprir as suas responsabilidades designadas em casa (Adeyemo, 2013; Sharma, 2016).

Em geral, enquanto os homens tripulam grandes embarcações utilizadas na pesca ao largo e de profundidade, as mulheres manejam embarcações mais pequenas e canoas mais próximas da costa. A participação das mulheres antes e depois da captura do peixe tem recebido pouca importância, levando à quase invisibilidade das mulheres como contribuintes deste sector. No entanto, estas actividades pré e pós-produção são significativas em termos do seu valor económico e social. Estas incluem a reparação de redes, a triagem do peixe após o desembarque, a venda de peixe, o comércio e a venda a retalho no mercado, e a transformação e conservação (salga ou secagem) (Ikiara, 2012).

As mulheres constituem cerca de metade da população ativamente envolvida nas actividades, programas e projectos de desenvolvimento da pesca. O estatuto educativo das mulheres no sector das pescas é inferior ao dos homens e as mulheres não dispõem de programas especiais para a sua formação em matéria de melhorias tecnológicas. Não têm acesso ao crédito e ao financiamento e beneficiam de uma atenção limitada em termos de expansão das suas actividades (Geheb, 2011). No entanto, as mulheres não estão totalmente envolvidas nos processos de tomada de decisão e o seu nível de organização e de resposta às suas necessidades é limitado. Assim, a emancipação das mulheres no sector das pescas em termos de expressar livremente as suas necessidades e aspirações e de moldar eficazmente o seu futuro ainda está por concretizar (Sen *et al.*, 2013)

2.4 Contribuição das mulheres nas actividades e no desenvolvimento da pesca

Os decisores políticos ignoram o papel significativo que as mulheres desempenham na pesca. O papel vital desempenhado pelas mulheres na pesca, nomeadamente na transformação pós-colheita e na comercialização do pescado, não é reconhecido. Frequentemente, elas fornecem a maior parte da mão de obra na transformação e comercialização do peixe, trabalhando em condições de grande desigualdade e recebendo pouca remuneração indireta pelo seu trabalho. Apesar da sua contribuição, desempenham um papel secundário no planeamento estratégico do desenvolvimento (Rico, 2015).

Atualmente, o princípio da estratégia de desenvolvimento é a participação da comunidade e a tendência para uma abordagem participativa do desenvolvimento tem tido um impacto tremendo, mas tem suscitado grande preocupação quanto aos graus e oportunidades concedidos à igualdade, ao envolvimento e à participação dos géneros, especialmente face à divisão de papéis e responsabilidades e à segregação e negligência das mulheres. Embora constituam um elo crucial na manutenção da sociedade, têm sido frequentemente deixadas de fora nas principais decisões relativas ao planeamento do desenvolvimento. Por outro lado, a participação, em termos simples, requer um envolvimento ativo no processo de tomada de decisões e uma palavra importante na definição das prioridades das actividades e programas de desenvolvimento. Implica também tomar parte na implementação das decisões e acções, e beneficiar dos resultados (Aguilar, 2014). Apesar dos papéis importantes das mulheres no sector, a maioria das mulheres não tem acesso nem controlo sobre os recursos físicos e de capital, nem a tomada de decisões, nem a posição de liderança, nem a formação e educação formal.

As mulheres estão presentes em todas as fases da produção, transformação e distribuição do pescado e contribuem para a geração de riqueza, a preservação dos ecossistemas aquáticos e a manutenção dos agregados familiares e das comunidades nas regiões rurais e costeiras. Elas representam metade da força de trabalho e desempenham um papel proeminente nas economias da pesca e da aquicultura em todo o mundo (Organização das Nações Unidas para a Alimentação e a Agricultura [FAO], 2018; Banco Mundial, 2012). No entanto, o seu trabalho não é reconhecido nas estatísticas oficiais, nas políticas sectoriais e nos programas de desenvolvimento. A FAO apenas recolhe estatísticas sobre o sector primário de produção de peixe, no qual as mulheres representam apenas 14% dos trabalhadores, de acordo com as estimativas de um número limitado de países membros. A FAO não recolhe dados sobre o sector secundário, que emprega muito mais mulheres, e as estatísticas sobre a pesca em pequena escala, onde as mulheres são mais numerosas do que na pesca industrial, são relativamente pobres (FAO, 2018). As políticas globais e a maioria das políticas nacionais de pesca são cegas em relação ao género. As Diretrizes Voluntárias para Garantir a Pesca Sustentável em Pequena Escala (VGSSF) no Contexto da Segurança Alimentar e da Erradicação da Pobreza, de 2014, foram o primeiro grande instrumento de pesca a incorporar a igualdade de género (Biswas, 2017). O Objetivo de Desenvolvimento Sustentável (ODS) mais relevante, que se centra na vida debaixo de água, é um dos poucos ODS que não contém metas de género (Entidade das Nações Unidas para a Igualdade de Género e o Empoderamento das Mulheres [ONU Mulheres], 2018).

As mulheres enfrentam muitas desigualdades em termos de salários e de acesso a recursos produtivos, tecnologia e mercados. Apesar de décadas de investigação que documentam as contribuições económicas das mulheres, a ação coletiva para promover os interesses e direitos das mulheres e os esforços institucionais mais recentes para integrar a inclusão do género nos programas de desenvolvimento das pescas, alcançar a igualdade de género e o empoderamento das mulheres neste setor continua a ser um desafio (Gopal *et al.*, 2017). As mudanças tecnológicas e institucionais resultantes provêm de diferentes factores, como as alterações climáticas, as relações comerciais competitivas, as artes de pesca recentemente introduzidas, os novos regimes de gestão de recursos e a necessidade de metodologias de investigação feministas adequadas. Algumas investigações examinam questões sobre tecnologia, inovação, organização e capacitação, analisando: métodos de investigação para situar e compreender a posição das mulheres ao longo das cadeias de valor do pescado e nas economias políticas locais e regionais; se a inovação e as intervenções planeadas trazem efetivamente as mudanças desejadas nas dinâmicas de género existentes; se as tecnologias capacitam e beneficiam efetivamente as mulheres; e se a ação colectiva resulta efetivamente numa distribuição equitativa dos benefícios. Situar as mulheres na cadeia de valor é um primeiro passo para compreender os seus papéis, experiências, pressões e oportunidades. Mesmo as mulheres envolvidas nos segmentos primários (colheita e cultivo) da cadeia de valor podem ser ignoradas e subvalorizadas. A cadeia de valor das algas marinhas apresenta desafios específicos para os meios de subsistência das mulheres. Grande parte da produção mundial de algas marinhas é de mão de obra intensiva e cultivada em pequenas explorações agrícolas, nas quais trabalham muitas mulheres. Os mercados são distantes e os produtores raramente têm qualquer influência na formação dos preços, embora se saiba claramente que existem mercados de exportação lucrativos para o produto. Na Península de Zamboanga, no sul das Filipinas, Ramirez, Narvaez e Santos-Ramirez utilizaram o quadro de avaliação rápida dos sistemas de gestão das pescas (RAFMS) no contexto da cadeia de valor para orientar um estudo sobre a cultura de algas marinhas e o comércio local. Este estudo aceita como verdadeiro o pressuposto de que os produtores não beneficiam equitativamente da cadeia de valor das algas marinhas, mesmo antes de o produto ser exportado para mercados valiosos. Embora as mulheres sejam importantes nos segmentos primários de algumas cadeias de valor, como a das algas marinhas, em muitos países as mulheres dominam nos segmentos secundários da cadeia de valor do peixe, nos nós de processamento pós-colheita e de comercialização. Apesar deste predomínio numérico, as suas contribuições e necessidades são frequentemente ignoradas, uma vez que os programas de desenvolvimento nacional dão prioridade à colheita e à produção.

Williams (2019) recomendou que se aproveitassem os conhecimentos resultantes da localização das mulheres na cadeia de valor e que se ligassem os estudos de género e das pescas à economia política global e das pescas através de uma agenda de investigação da economia política feminista que pudesse também apoiar o ativismo. Nas comunidades em que se inserem as cadeias de valor do pescado, as mulheres são por vezes objeto de assistência ao desenvolvimento em virtude das suas necessidades de rendimento e de capacitação. Desde a década de 1990, a governação dos recursos costeiros e das pescas tem sido objeto de experiências sociais que podem proporcionar oportunidades de aprendizagem, incluindo as relativas à igualdade de género. As Filipinas têm sido um país particularmente fértil em novos modelos de governação baseados na comunidade, mas nem todos incluem fortes elementos de género. No entanto, o estudo de Dasig sobre as experiências de mulheres líderes em organizações de pescadores em Bolinao, Pangasinan e Filipinas, mostra como colectivos como cooperativas e associações que proporcionam às mulheres oportunidades de participar em cadeias de valor do peixe e melhorar os meios de subsistência, também foram promovidos para a conservação e gestão de recursos, bem como para desenvolver capacidades pessoais. O desenvolvimento inicial de mecanismos de gestão dos recursos costeiros baseados na comunidade em Bolinao foi introduzido por uma organização não governamental com um forte espírito de igualdade de género. Dasig explorou as formas como as mulheres líderes conseguiram sustentar e influenciar factores que lhes permitem continuar a ocupar as suas posições de liderança a longo prazo. Foram recrutadas e entrevistadas oito mulheres, cada uma com pelo menos dez anos em posições de liderança em organizações populares de gestão de recursos costeiros de base comunitária ou em conselhos a nível de federação para tais organizações. A técnica de entrevista não estruturada permitiu que as vozes das mulheres fossem ouvidas com o mínimo de interferência do investigador.

2.5 Papel das mulheres nas actividades de pesca e estatuto socioeconómico da família

As mulheres estão a participar ativamente na economia de mercado através de vários meios, e o apoio positivo a esse envolvimento poderia resultar num maior avanço dos seus papéis. Embora a participação das mulheres em actividades não domésticas seja óbvia, o envolvimento na tomada de decisões ainda se faz predominantemente através de conselhos tradicionais, que efetivamente deixam as mulheres de fora (Alamu, 2013).

As estatísticas revelam que as mulheres trabalham geralmente durante longas horas: 16 a 18 horas por dia; são muito activas no sector produtivo da economia e geralmente assumem todo o trabalho doméstico em casa. Ocupam posições estratégicas no processo de produção de alimentos para as populações, dedicando-se à agricultura, à transformação de alimentos, à comercialização e à distribuição, muitas vezes com ferramentas rudimentares e instalações limitadas, que levam mais tempo a realizar o trabalho. Na sociedade tradicional, as mulheres são obrigadas a tomar conta da família; alimentá-la, vesti-la, formá-la e educá-la, independentemente da contribuição dos homens (Alamu, 2013).

2.6 Mulheres na pesca e nas comunidades piscatórias

A investigação sobre as mulheres e o género tem vindo a ser realizada no sector das pescas há cerca de 50 anos. Os estudos sobre as mulheres foram inicialmente realizados, seguidos de estudos sobre o género (Yodanis, 2000; Bennett, 2005; Frangoudes e Keromnes, 2008; Williams 2008; Frangoudes 2013; Kleiber *et al.,* 2014). No entanto, os estudos de género e das mulheres não têm sido amplamente evidentes nas subdisciplinas. Os investigadores das ciências sociais e culturais foram os únicos a dar contributos significativos para o domínio das pescas, avaliando o significado do género e as suas ligações para uma melhor compreensão das interações humanas nas comunidades costeiras e nas pescas. Foi necessário muito mais tempo para que as preocupações e os pontos de vista em matéria de género fossem aceites no desenvolvimento da investigação no domínio das pescas. Uma vez que as avaliações das unidades populacionais e a gestão dos recursos haliêuticos são os principais tópicos em estudo, as ciências naturais foram sempre escolhidas como a principal área que impulsionou a investigação no domínio das pescas, o que é uma das razões pelas quais as mulheres nas pescas permanecem nos bastidores. Como resultado, os decisores políticos apenas consideraram a gestão dos recursos haliêuticos enquanto os criavam, em vez de considerarem os factores sociais e culturais. Só prestam atenção ao que ocorre no oceano, o que faz da investigação pesqueira um domínio predominantemente masculino. Este facto pode ajudar a explicar por que razão as pescas de muitas nações não dispõem de dados desagregados por sexo. São raras as análises estatísticas do trabalho das mulheres na apanha da amêijoa, na aquacultura e na pesca (Kleiber *et al.*, 2014, 2017; Santos, 2015).

2.7 Mulheres pescadoras: Marginalização e invisibilidade

Existe relativamente pouca informação disponível sobre a forma como as mulheres contribuem para a economia do sector das pescas, tanto em casa como nas empresas (Frangoudes e Keromnes, 2008; Zhao *et al.,* 2013). De acordo com o Relatório sobre o Estado Mundial das Pescas e da Aquicultura de 2018 da FAO, 59,6 milhões de indivíduos estavam envolvidos na indústria da pesca e da aquicultura em 2016. Destes, 40,3 milhões trabalhavam no sector das pescas e 19,3 milhões na aquicultura. De acordo com estimativas da FAO, as mulheres representam cerca de 14% das pessoas que trabalham diretamente nas indústrias da pesca e da aquicultura. O mesmo estudo observou que o baixo número de mulheres registado resultava de diferentes dados desagregados por sexo em muitas áreas e nações diferentes, onde o género das mulheres não era indicado de todo e apenas os homens eram reportados. Em termos de emprego na pesca de captura na Ásia, as mulheres representam 15% da força de trabalho, enquanto os homens representam 78%. Isto indica que 7% das pessoas com ligações à pesca não estão identificadas. Com 15% de todas as mulheres empregadas na pesca e na aquicultura a nível mundial, a Ásia lidera o ranking mundial neste domínio. Este facto demonstra a subvalorização da importância da pesca artesanal, onde o papel desempenhado pelas mulheres pescadoras é muito mais importante do que a posse de grandes embarcações e instalações de aquicultura. Era necessário alterar esta situação. Aos olhos das feministas, das organizações não governamentais e dos académicos de estudos sobre as mulheres e o género, o Japão surgiu com algumas possibilidades promissoras e com a aprovação mundial das Diretrizes da FAO para a pesca artesanal. As Diretrizes para a pesca sustentável irão contribuir para melhorar a igualdade de género nas pescas e reconhecer o envolvimento das mulheres em toda a cadeia de valor. Ver também Badjeck *et al.* (2010) e Kleiber *et al.* (2017). 1.5 Género, nacionalidade, habilitações literárias e interseccionalidade nas pescas Mesmo no âmbito das mesmas operações industriais, os homens e as mulheres podem ter perspectivas e formas de agir distintas. No seu estudo de 2018, Yingst e Skaptadottir analisaram o trabalho, a divisão do trabalho e outros factores de satisfação profissional de mulheres polacas, filipinas e islandesas que trabalham em fábricas de transformação de peixe em Westford, na Islândia. Neste caso, as empresas de transformação não só passaram a contratar trabalhadoras, como também contrataram mulheres locais. Nas fábricas de transformação, a contratação de mão de obra é um procedimento altamente tendencioso, baseado no género. De acordo com o estudo *de* Khan *et al.* (2018) realizado em Chennai, na Índia, as pescadoras têm de competir não só com os homens, mas também entre si. A influência da religião e da casta é igualmente significativa. As mulheres de casta baixa têm mais probabilidades de estar empregadas e de migrar do que as outras mulheres.

As mulheres utilizam as Áreas Marinhas Protegidas (AMPs) de forma diferente dos homens, uma vez que muitas vezes apanham peixe e marisco a pé, perto da costa. Os espaços não são utilizados por elas (Kleiber *et al.*, 2018). As mesmas descobertas também foram feitas por Kleiber *et al.* (2018) para MPAs nas comunidades pesqueiras locais das Filipinas Centrais. O estudo de Gallardo e Sauders (2018) centra-se no encontro com mulheres em Coliumo, no sul do Chile, que se organizaram por meio de agências, desenvolveram sua competência e receberam direitos exclusivos de uso nos territórios costeiros próximos ao mar. Isso foi feito de acordo com o quadro nacional estabelecido pelos Direitos de Uso Territorial para a Pesca (TURFs). Nesta situação, as mulheres são excelentes negociadoras. São gestoras competentes da sua região, para além de serem hábeis apanhadoras de algas. Isto demonstra que as mulheres podem mais facilmente ganhar autoridade como trabalhadoras, pescadoras e gestoras de recursos quando as leis e as políticas lhes dão prioridade.

2.8 Mudança de cenário

Atualmente, as mulheres tratam da salga do peixe, da secagem ao sol e da comercialização. De acordo com uma pesquisa realizada nas comunidades costeiras de Andhra Pradesh, na Índia, por Khader (2019), 31% das mulheres nessas áreas trabalham como pescadoras. 62% das pessoas trabalham na agricultura. Numerosos programas beneficiários foram lançados na Índia, incluindo o Matsya Ashraya Yojane, o Matsya Mahila Swalambana Yojane, o Esquema Central de Poupança e Alívio, o subsídio das mulheres SC/ST na compra de necessidades de pesca e o subsídio para a compra de uma caixa de refrigeração. De acordo com Mahesh *et al.* (2016), cerca de 67% dos participantes demonstraram um nível moderado de familiaridade com os programas beneficiários do Departamento Estatal das Pescas em Karnataka. De acordo com a FAO (2014), as mulheres processam o peixe até 90% do tempo. Mais de metade da colheita da pesca em pequena escala em certas ilhas do Pacífico provém de mulheres (Harper *et al.*, 2013). Quando as operações pós-colheita são tidas em conta, estima-se que 47% dos trabalhadores da pesca a nível mundial são mulheres (Banco Mundial 2012).

2.9 Constrangimentos que afectam a participação das mulheres nas actividades de pesca

As actividades pós-captura, como a comercialização e a transformação do peixe, que as mulheres assumiram, podem ser melhoradas para além de serem empresas quotidianas que dependem apenas da captura do marido. No entanto, isto requer uma capitalização que as famílias de pescadores pobres não podem pagar. Embora existam programas de crédito para os pescadores artesanais, estes destinam-se geralmente às actividades de produção dos pescadores, tais como a melhoria das artes de pesca, a construção de recifes artificiais, a apanha de alevins, o achatamento de caranguejos, etc. Assim, não existe uma facilidade de crédito destinada principalmente a responder às necessidades das mulheres que vendem peixe ou processam a captura. Este crédito pode ser utilizado para comprar o pescado de outros pescadores para uma maior operação de transformação (Karuna *et al.,* 2022).

A assistência técnica, a formação e a extensão foram designadas para visar apenas os pescadores do sexo masculino, sem ter em conta a situação real no sector, onde as mulheres são igualmente activas em muitas esferas da produção de peixe. As mulheres não aprendem novas tecnologias nem são consultadas sobre problemas técnicos que possam surgir nas suas actividades produtivas. Normalmente, a sua fonte de conhecimento sobre essas coisas é através dos seus maridos pescadores que aprendem diretamente com os técnicos de pesca (Karuna *et al.,* 2022).

A redução das perdas pós-colheita na pesca e a melhoria da tecnologia de transformação serão um desafio importante para o futuro, porque a exploração das unidades populacionais de peixe pode ter atingido o seu nível máximo. A comercialização e o comércio do pescado são limitados, uma vez que as mulheres têm menos mobilidade e devem operar perto da frente doméstica. As informações sobre os preços e as tendências do mercado não estão disponíveis, uma vez que normalmente só se encontram nos mercados centrais de peixe.

O baixo nível de escolaridade e os condicionalismos socioculturais dificultam a plena participação das mulheres nas actividades de desenvolvimento do sector. A sua capacidade de utilizar e aceder à informação disponível é afetada pelo seu nível de literacia. A sua crença na sua própria falta de competência e capacidade, em relação aos seus homólogos masculinos, afecta a sua autoconfiança na prossecução de projectos de forma independente (Sharma, 2016). O risco de não haver garantia de rendimento no sector das pescas é constante. As mulheres têm a maior parte das responsabilidades de cuidar dos filhos, da saúde da família, da administração doméstica, da alimentação, do saneamento, da educação dos filhos, do pagamento de dívidas e da gestão financeira. O peso destas obrigações duplica durante a época baixa (Sreeranganadhan, 2012). A sua tarefa torna-se mais complexa e árdua devido à diminuição dos recursos, ao trabalho árduo e à intensa concorrência.

2.9.1 Problemas sociais

Como trabalham como pescadoras, as pescadoras sustentam as suas famílias. Os principais desafios sociais que as pescadoras têm de ultrapassar incluem o dote, taxas de alfabetização mais baixas, cuidados de saúde inadequados e colaboração entre pescadores e pescadoras. Para além disso, as pescadoras que vendem peixe enfrentam problemas como a instabilidade dos preços no mercado, condições de sujidade e falta de instalações básicas nos mercados. Os principais problemas sociais enfrentados pelas pescadoras da Caxemira na Índia incluem a falta de participação no governo local, cooperativas e organizações de desenvolvimento; aceitação social inadequada; e falta de um fórum para se expressarem. A criação de uma organização voluntária pelas pescadoras que lhes permita apresentar as suas queixas é uma solução prática para estas questões (Mathew, 2003). John (1989) também observou que os pescadores são considerados como pertencentes a uma casta inferior e têm uma posição social pobre. A comunicação entre pais e filhos serve como um ambiente de pares para o bem-estar social. A comunicação das crianças com os membros da família é tipicamente bastante pobre nas comunidades costeiras, particularmente entre uma pescadora que trabalha e os seus filhos. Na maior parte das vezes, estas estão demasiado ocupadas a trabalhar para os ouvir (Nazy, 2007).

2.9.2 Problemas económicos

A vida das mulheres pescadoras é complicada devido aos baixos salários e à falta de outras actividades. Parece que são obrigadas a pedir dinheiro emprestado a taxas de juro exorbitantes, o que alimenta a espiral de endividamento. A ausência de um mercado garantido e os baixos preços dos produtos são dois outros obstáculos económicos importantes. Isto resulta de uma via de comercialização inadequada. Os seus problemas financeiros são agravados pela falta de planos de poupança (Karuna *et al.*, 2022).

2.9.3 Problemas técnicos

Os problemas técnicos são métodos inesperados que afectam grandemente os indivíduos. Em geral, as pescadoras debatem-se com a falta de novos equipamentos, técnicas e supervisão técnica. No sector da pesca pós-colheita, as mulheres pescadoras deparam-se com limitações. As matérias-primas são sazonais, muito perecíveis e imprevisíveis no campo, e faltam instalações de armazenamento a frio nos mercados. As mulheres não dispõem de comodidades suficientes nos centros de desembarque e nos mercados, e as opções de trânsito também são insuficientes. É crucial compreender como a tecnologia está a evoluir no sector, uma vez que tem um grande impacto na empresa (Karuna *et al.*, 2022).

2.9.4 Problemas pessoais e domésticos

Após um dia inteiro de pesca intensa, as mulheres pescadoras têm frequentemente tarefas domésticas. Devido às suas péssimas condições de trabalho, os pescadores sofrem frequentemente de problemas ergonómicos. Entre os problemas pessoais vividos pelos pescadores incluem-se menos interações sociais, uma taxa de alfabetização mais baixa, responsabilidades domésticas, falta de apoio dos colegas, problemas com alianças matrimoniais e taxas de abandono escolar. Para aumentar o envolvimento das mulheres no mercado do peixe, também é necessário resolver os conflitos familiares e de dívida (Farooqi *et al.*, 2018).

2.9.5 Problemas relacionados com a saúde

Todos os dias, as pescadoras têm de transportar grandes quantidades de peixe das massas de água vizinhas para os mercados. Estas mulheres carregam na cabeça um fardo de 35 a 40 quilos de peixe. Isto exerce uma pressão excessiva sobre todo o corpo, especialmente sobre a coluna vertebral, o que aumenta o risco de deslizamento do disco e de desconforto nas costas. A febre e a diarreia são outras doenças comuns entre as pescadoras. As jornadas de trabalho são extenuantes e a exploração dos intermediários. As mulheres pescadoras são frequentemente afectadas por doenças de deficiência de vitamina A e do complexo B, para além de doenças como a depressão, a diabetes e a hipertensão (Karuna *et al.,* 2022).

2.9.6 Problemas **relacionados com a educação**

Ser alfabetizado é um sinal de progresso. No entanto, a percentagem de alfabetização das mulheres pescadoras e dos seus descendentes é bastante baixa. Esta situação acaba por privá-las dos seus preços justos, impedindo a sua capacidade de negociar no mercado. A comunidade de pescadores afirma que, como não vêem a escolaridade como uma competência necessária, põem os filhos a trabalhar desde pequenos na pesca e noutras tarefas semelhantes. Acreditam que isso lhes permitirá satisfazer as necessidades financeiras das suas famílias (Karuna *et al.*, 2022).

2.9.7 Pressão política

As comunidades de pescadores são ocasionalmente excluídas nos domínios social e político. São vistas pelos partidos políticos como um banco de votos. Normalmente, os intermediários possuem laços políticos. São eles que tomam a última decisão sobre o preço da captura, o que dá início à história da regressão económica e da exploração dos pescadores (Karuna *et al.*, 2022).

CAPÍTULO TRÊS

3. 0 METODOLOGIA

3.1 A área de estudo

O estudo foi efectuado na área governamental local de Doma (DLGA) do Estado de Nasarawa. A DLGA de Doma está localizada na zona sul do Programa de Desenvolvimento Agrícola de Nasarawa (PDAN). Doma, a capital da DLGA, fica a 22 km a oeste de Lafia, a capital do Estado, com uma latitude de $0{,}9^0$ 33'N e uma longitude de $0{,}9^0$ 32'E. A DLGA tem estações húmidas (março - outubro) e secas (novembro - fevereiro) distintas. A precipitação média anual da área de estudo é de 107,6 mm e a temperatura média anual varia entre $22{,}7^0$ e $36{,}8^0$ C (Departamento Metrológico, 2005). A textura do solo é franco-arenosa, o que favorece a produção de culturas como a mandioca, o benjoim, o inhame, o melão, o arroz, o painço, o amendoim, o milho e o sorgo. A área do governo local tem uma população de 139.607 pessoas (NPC, 2006). Os grupos étnicos da área incluem Alago, Agatu, Migili, Eggon, Bassa, Tive, Hausa/Fulani e Mada. A área da administração local de Doma faz fronteira com Lafia, Keana, Keffi e Kokona a leste, leste-sul, sudoeste e oeste, respetivamente.

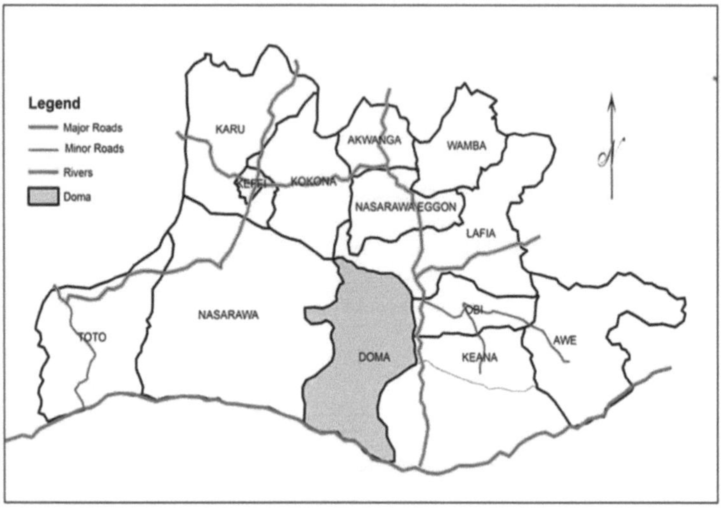

Figura 1: Mapa do Estado de Nasarawa mostrando a área de estudo

3. 2Tamanho da amostra e técnica de amostragem

Foi utilizada uma técnica de amostragem aleatória simples para este estudo. Em primeiro lugar, foram selecionados aleatoriamente cinco bairros da área do governo local. Seguiu-se a seleção aleatória de doze (12) mulheres que estavam envolvidas em actividades de pesca de cada uma das cinco (5) alas, dando um total de sessenta (60) inquiridos para o estudo.

3. 3Recolha de dados

Os dados para o estudo foram obtidos a partir de fontes primárias. A fonte primária foi a entrevista pessoal e a discussão através de um questionário.

3.4 Método de análise de dados

Os dados para este estudo foram analisados utilizando estatísticas descritivas, tais como contagem de frequências, percentagens e média.

CAPÍTULO QUATRO

4.0 RESULTADOS

4. 1Características sócio-económicas dos inquiridos

As caraterísticas socioeconómicas dos inquiridos na área de estudo são apresentadas no Quadro 4.1. O resultado revelou que a faixa etária mais elevada dos inquiridos era de 31-40 anos (33,3%) e a proporção de mulheres casadas envolvidas em actividades de pesca era mais elevada (63,3%). As percentagens iguais e mais elevadas de mulheres (38,3%) tinham o ensino secundário e 38,3% não tinham qualquer educação formal, o que indicava um baixo nível de educação formal entre as mulheres, enquanto 10,0% tinham educação até ao nível terciário. A maioria (33,3%) das mulheres estava envolvida na comercialização de peixe fumado, 26,7% estavam envolvidas na comercialização de peixe fresco e 18,3% estavam envolvidas em actividades de intermediários.

A maioria (40,0%) dos inquiridos tem 6-10 anos de experiência na transformação de peixe, 25,0% têm 1-5 anos de experiência de pesca, enquanto os 3,3% mais baixos têm até 20 anos de experiência de pesca. 63,3% dos inquiridos pertencem a uma sociedade cooperativa de pesca, enquanto 36,7% não pertencem a nenhuma sociedade cooperativa. A maioria (90%) dos inquiridos não teve qualquer contacto com a extensão, 66,7% não teve acesso a facilidades de crédito, enquanto os poucos (33,3%) que tiveram acesso a facilidades de crédito obtiveram o seu crédito de amigos/parentes (16,7%), prestamistas (15,0%) e banco comercial (3,3%), respetivamente. O rendimento anual mais elevado dos inquiridos situa-se entre 31000-41000, sendo que apenas 5,0% dos inquiridos o conseguem obter. 30% tinham entre 11000-20000 e 20000 - 30000, respetivamente. A maioria (35,0%) tinha entre 1-10000.

78% são cristãos, 20% são muçulmanos e 2% seguem uma religião tradicional. A dimensão do agregado familiar dos inquiridos é, em média, de 7 pessoas e 54% dos inquiridos são membros de uma sociedade cooperativa. Cerca de 42% dos inquiridos têm 3 a 10 anos de experiência no negócio da pesca. Alguns dos inquiridos (60%) estavam envolvidos no comércio, enquanto 40% estavam também envolvidos noutras actividades agrícolas.

Quadro 4.1: Caraterísticas socioeconómicas dos inquiridos

Inquiridos	Gama	Contagem	%		
Idade	0-20 anos	8	13.3		
	21-30 anos	18	30.0		
	31-40 anos	20	33.3		
	41-50 anos	13	21.7		
	51 anos ou mais	1	1.7		
Estado civil	Casado	38	63.3		
	Individual	12	20.0		
	Viúva	7	11.7		
	Divorciado	3	5.0		
Nível de escolaridade	Primário	8	13.3		
	Secundário	23	38.3		
	Terciário	6	10.0		
	Não-formal	23	38.3		
Actividades desenvolvidas	Mercado de peixe fumado	20	33.3		
	Mercado de peixe fresco	16	26.7		
	Intermediários	11	18.3		
	Pesca ativa	13	21.7		
Anos de experiência	1-5 anos	15	25.0		
	6-10 anos	24	40.0		
	11-15 anos	11	18.3		
	16-20 anos	8	13.3		
	20 anos ou mais	2	3.3		
Pertencer a uma sociedade cooperativa	Sim	%	Não	%	
	22	36.7	38	63.3	
Contacto de extensão	6	10.0	54	90.0	
Acesso ao crédito	20	33.3	40	66.7	
Fontes de crédito	Nenhum acesso à fonte de crédito	39	65.0		
	banco comercial	2	3.3		
	emprestadores de dinheiro	9	15.0		
	amigos/parentes	10	16.7		
Rendimento mensal	1-10000	21	35.0		
	11000-20000	18	30.0		
	20000-30000	18	30.0		
	31000-40000	3	5.0		

Fonte: Inquérito de campo (2018)

4.2Rendibilidade das mulheres pescadoras na área de estudo

O resultado da tabela 4.2 mostra que o custo variável das mulheres pescadoras inclui o custo do trabalho, custo do transporte, custo da lenha, custo de reparação e manutenção, custo do peixe fresco, custo do combustível e custo do peixe processado. No entanto, os resultados mostram que a maioria (38,3%) gasta ₦300 como custo de mão de obra, 30,0% gasta ₦200 em transporte, 81,7% não compra lenha usada para fumar peixe, 88,3% não gasta dinheiro em reparação e manutenção, 88,3% não gasta dinheiro na compra de peixe, 96,7% não compra combustível e 86,7% não gasta dinheiro em peixe processado.

Os resultados sobre os custos variáveis mostram que 86,67% dos inquiridos não gastam dinheiro em equipamento de pesca, 98,3% não pagam juros sobre facilidades de crédito, nenhum dos inquiridos gasta dinheiro em refrigeradores, 81,7% não gastam dinheiro em tambores para fumar, 55,0% não gastam dinheiro em taças e 91,7% não alugam terrenos/lojas para vender os seus produtos.

Tabela 4.2: Rentabilidade das mulheres pescadoras do Governo Local de Doma

Índices	Respostas		
Custo variável		**Contagem**	**%**
Custo da mão de obra	Sem custos	7	11.7
	100	2	3.3
	200	15	25.0
	300	23	38.3
	400	7	11.7
	800	1	1.7
	1000	2	3.3
	150	1	1.7
	250	1	1.7
	450	1	1.7
Custo do transporte	Sem custos	14	23.3
	100	3	5.0
	200	18	30.0
	300	14	23.3
	400	6	10.0
	500	2	3.3
	1200	1	1.7
	3000	1	1.7
	2500	1	1.7
Custo da lenha	Sem custos	49	81.7
	100	2	3.3
	200	7	11.7
	300	2	3.3
Custos de reparação e manutenção	Sem custos	53	88.3
	100	2	3.3
	200	5	8.3
Custo do peixe fresco	Sem custos	53	88.3
	200	2	3.3
	150	1	1.7
	10000	4	6.7
Custo do combustível	Sem custos	58	96.7
	1000	1	1.7
	5000	1	1.7
Custo do peixe transformado	Sem custos	52	86.7
	400	1	1.7
	500	1	1.7
	5000	6	10.0
Custo fixo			
Custo do equipamento de pesca (artes/redes)	Sem custos	52	86.7
	400	1	1.7
	500	1	1.7
	5000	6	10.0

Juros de crédito	Sem custos	59	98.3
	300	1	1.7
Frigorífico	Sem custos	59	98.3
	100	1	1.7
Refrigerador	Sem custos	60	100.0
Bateria	Sem custos	49	81.7
	100	2	3.3
	150	1	1.7
	1000	1	1.7
	1500	2	3.3
	2000	5	8.3
Tigelas	Sem custos	33	55.0
	200	2	3.3
	1000	15	25.0
	1200	7	11.7
	2500	1	1.7
	3500	1	1.7
	5000	1	1.7
Renda do terreno/loja	Sem custos	55	91.7
	1000	5	8.3

Fonte: Inquérito de campo (2018)

4.4Constrangimentos que afectam as mulheres nas actividades de pesca

Os constrangimentos que afectam as mulheres nas operações de pesca na área de estudo são apresentados na Tabela 4.3. O resultado revelou que os principais constrangimentos que afectam as mulheres nas actividades de pesca são o transporte deficiente (91,7%), a falta de facilidades de crédito (86,7%), a falta de contacto com a extensão (85,0%), a falta de instalações de armazenamento (66,7%), o baixo rendimento da venda de peixe (40,0%), a falta de lenha (26,7%), o alto custo das instalações de processamento/armazenamento (23,3%), o alto custo das artes de pesca (16,7%) e o tipo de madeira (11,7%), respetivamente.

Tabela 4.3: Constrangimentos que afectam as mulheres envolvidas em actividades de pesca da Administração Local de Doma

Restrições	Respostas			
	Sim	**%**	**Não**	**%**
Falta de facilidades de crédito	52	86.7	8	13.3
Transporte deficiente	55	91.7	5	8.3
Falta de lenha	16	26.7	44	73.3
Tipos de madeira	7	11.7	53	88.3
Falta de contacto com a extensão	51	85	9	15
Elevado custo de processamento/armazenamento	14	23.3	46	76.7
Falta de instalações de armazenamento	40	66.7	20	33.3
Baixo rendimento da venda de peixe	24	40	36	60
Custo elevado das artes de pesca	10	16.7	50	83.3

Fonte: Inquérito de campo (2018)

CAPÍTULO CINCO

5. 0DISCUSSÃO

Os resultados revelaram que as categorias de idade das mulheres pescadoras diferem muito umas das outras e que há uma diminuição da participação das mulheres nas actividades de pesca com o aumento da idade na área de estudo (Tabela 4.1). A idade é um fator importante nas actividades de pesca. No entanto, os inquiridos com idades compreendidas entre os 31 e os 40 anos foram os que mais se destacaram nas actividades de pesca, o que representou 33,3%. As mulheres desta categoria ainda estão em idade ativa para contribuir de forma significativa para a produção pesqueira. Observou-se igualmente uma tendência decrescente de participação à medida que a idade das mulheres avançava, com o valor mais baixo (1,7%) nas mulheres com 51 anos ou mais. Este resultado está em consonância com o de Akinrotimi *et al.* (2011) que observaram o mesmo nalgumas comunidades piscatórias do Delta do Níger. Isto pode ser devido ao facto de as actividades de pesca serem trabalhos que exigem energia, pelo que as mulheres precisam de ser fisicamente fortes para realizar a maioria das tarefas.

A maioria (63,3%) das mulheres entrevistadas neste estudo é casada. Este resultado concorda com os resultados de Nwabeze *et al.* (2013) na participação das mulheres na pesca da bacia do lago Kainji. Atribuíram o domínio das mulheres casadas nas actividades de pesca a um ato de proactividade por parte das mulheres para garantir a segurança alimentar, gerar rendimentos e reduzir a vulnerabilidade feminina no seio da família.

A situação educacional das mulheres neste estudo revelou que a maioria delas (38,3%) tinha educação secundária e enquanto algumas delas (10%) tinham educação terciária. Este resultado confirma o resultado obtido por Williams (2006), segundo o qual as mulheres das comunidades de pescadores não são muito instruídas, com pouca ou nenhuma educação.

As actividades de pesca realizadas pelas mulheres na área de estudo, como mostrado na Tabela 1, revelaram que a maioria das mulheres (51,6%) se envolveu na comercialização de peixe, este resultado corroborou o de Odulate *et al.* (2011), que relatou uma tendência semelhante nas zonas húmidas costeiras do estado de Ogun, Nigéria, observou que as mulheres estão mais envolvidas na comercialização de peixe do que outras actividades de pesca.

Os maiores constrangimentos que as mulheres enfrentam na pesca na área de estudo, como mostra a Tabela 3, incluem a falta de facilidades de crédito, transporte deficiente, falta de lenha, tipo de madeira, falta de contacto com a extensão, alto custo de processamento/armazenamento, falta de instalações de armazenamento, baixo rendimento da venda de peixe e alto custo das artes de pesca. No entanto, o transporte deficiente (91,7%), a falta de facilidades de crédito (86,7%) e a falta de contacto com a extensão (85%) foram os principais constrangimentos que militaram contra as mulheres pescadoras na área de estudo. Sen et al., (1991) relataram que o acesso e a disponibilidade de facilidades de crédito são um dos maiores constrangimentos no subsector das pescas e que as mulheres nas comunidades piscatórias têm mais dificuldades em obter crédito formal do que os homens.

CAPÍTULO SEIS

6.0 CONCLUSÃO E RECOMENDAÇÕES

6. 1Conclusão

As mulheres estão ativamente envolvidas nas actividades de pesca (pesca, transformação e comercialização) como a sua principal fonte de rendimento, tal como os homens na comunidade. As mulheres desempenham um papel predominante e significativo no sector pós-colheita da produção de peixe na Área de Governo Local de Doma do Estado de Nasarawa. O papel das mulheres nas actividades de pesca, tais como a transformação pós-colheita, a comercialização e a distribuição do peixe, não tem merecido o devido destaque. A sua atividade de pesca está a ser dificultada principalmente devido à falta de facilidades de crédito, transporte deficiente, falta de serviços de extensão e falta de instalações de armazenamento. A falta de acessibilidade a alguns destes recursos produtivos está a levá-los a obter baixos rendimentos. Se alguns dos seus constrangimentos puderem ser resolvidos pelas agências governamentais, isso irá aumentar o seu moral na produção pesqueira.

6. 2Recomendações

No esforço para aumentar o envolvimento das mulheres nas actividades de pesca na área de estudo, recomenda-se o seguinte

i. As mulheres nas pescas devem ser desenvolvidas através de programas de formação de extensão e aquisição de competências, fornecimento de facilidades de crédito para melhorar os seus negócios, melhorar as facilidades de transporte, serviços de saúde e educação para melhorar a sua participação em programas de desenvolvimento.

ii. As mulheres pescadoras devem dispor de tecnologias de transformação melhoradas e acessíveis para uma adoção fácil e rápida.

iii. A associação de mulheres também deve ser incentivada e promovida. Consequentemente, as mulheres pescadoras estariam mais habilitadas a contribuir com a sua quota para a realização de um dos objectivos do milénio - a segurança alimentar.

iv. Há necessidade de melhorar e atualizar as instalações de processamento de peixe na área de estudo com a adoção de modernas instalações e tecnologias de fumagem. Isto irá melhorar a qualidade do peixe fumado, o que poderá ajudar a minimizar as perdas pós-colheita e acrescentar valor aos produtos da pesca, tal como preconizado pelo Governo Federal.

v. O governo deve instituir programas de desenvolvimento para as mulheres rurais. As mulheres, tanto nas zonas rurais como urbanas, devem ser educadas para participarem plenamente no desenvolvimento sustentável da aquacultura. As mulheres precisam de ter acesso a facilidades de crédito a uma taxa de juro acessível e viável, para consolidarem a sua posição no desenvolvimento da aquacultura, especialmente na área da transformação e segurança dos produtos aquícolas.

vi. As mulheres devem ser consideradas no planeamento e na elaboração de políticas, especialmente no que diz respeito à aquicultura. É de notar, contudo, que a informação sobre o papel das mulheres nas actividades de pesca é limitada. Há necessidade de divulgar o papel que as mulheres desempenham nas actividades de pesca e isto também deve ser visto como uma ferramenta para a capacitação das mulheres e a transformação rural. Isto encorajará a participação de mais mulheres nas actividades de pesca, uma vez que isto pode aliviar a pobreza.

REFERÊNCIAS

Adeyemo, R. (2013). O poder da associação de comerciantes de peixe na comercialização de peixe no Estado de Lagos, Nigéria. Actas da 3rd Conferência Anual da Sociedade das Pescas da Nigéria (FISON), 22-25 de fevereiro, Maiduguri

Aguilar, L. (2014). Pesca e Aquicultura nas Zonas Costeiras: O género faz a diferença. Genebra: IUCN Briefing Notes.

Akpaniteaku, R.C., Weimin, M. e Xinhua, Y. (2015). Avaliação da contribuição da pesca e da aquicultura para a segurança alimentar nos países em desenvolvimento. Naga, Worldfish Center, 28 (1 & 2), pp. 28 -32

Alamu, S.O. (2013). Mulheres na produção artesanal de peixe em torno da área do lago Kanji, Nigéria. Boletim Informativo do NIFRR. maio-agosto, 14(2), 3-6.

Badjeck, M., Allison, E.H., Halls, A.S., e Dulvy, N.K. (2010). Impactos da variabilidade e das alterações climáticas nos meios de subsistência baseados na pesca. *Marine Policy*. Elsevier, 34(3), 375 383.

Bennett, E. (2005). Género, pesca e desenvolvimento. Marine Policy. Elsevier 29 (5): 451 459.

Biswas, N. (2017). Towards gender-equitable small-scale fisheries governance and development - A handbook: Em apoio à implementação das Diretrizes Voluntárias para Garantir a Pesca Sustentável de Pequena Escala no contexto da segurança alimentar e da erradicação da pobreza. Roma: FAO.

Cochrane, K., De Young, C., Soto, D. e Bahri, T. (2013). Climate change implications for fisheries and aquaculture: Overview of current scientific knowledge, FAO Fisheries and Aquaculture Technical Paper No. 530. Roma, FAO. 2009. 212 pp.

Dey de Pryck, J. (2012). Políticas de boas práticas para eliminar as desigualdades de género nas cadeias de valor do pescado. FAO. Roma, Itália. 97 pp. (também disponível online em www.fao.org/docrep/019/i3553e/i3553e.pdf)

Djoi, D. (2004). Programme pour des Moyens d'Existence Durables dans la Pêche (PMEDP) (GCP/INT/735/UK). Publicado pelo Sustainable Fisheries Livelihoods Programme (SFLP). 70 pp.

Essien, A.E, (2012). Problemas do desenvolvimento da pesca industrial no Estado de Cross River. Actas da 2ª Conferência Anual da Sociedade das Pescas da Nigéria (FISON) pp. 14-18.

Eyo, A.A., Madri, CT., Akande, I.A. e Okomoda. J.K. (2017) Inquérito Nacional de Aquicultura Dianostìc Zona Sudeste. Instituto Nacional de Investigação das Pescas de Água Doce, Fw Eussa, pp.37.

FAO (1999). Guidelines for the routine collection of capture fishery data. Consulta de peritos da FAO/DANIDA, 18-30 de maio de 1998, Banguecoque,

Tailândia, Documento técnico sobre pescas da FAO. No. 382. Roma, FAO. 1999. 113pp

FAO (2017). Diretrizes para a recolha de rotina de dados sobre a pesca de captura. Consulta de peritos da FAO/DANIDA, 18-30 de maio de 1998, Ondo, Akure, Documento Técnico das Pescas da FAO. No. 382. Roma, FAO. 1999. 113pp

Farooqi, F.S., Rasool, S. e Simnani, S.A. (2018). Problemas e perspectivas das mulheres pescadoras do Vale do Caxemira. *Revista Internacional de Pescas e Estudos Aquáticos*. 6(3), 358 360.

Organização das Nações Unidas para a Alimentação e a Agricultura (FAO). (2018). O estado da pesca e da aquicultura no mundo: Cumprir os Objectivos de Desenvolvimento Sustentável. Roma: FAO.

Organização das Nações Unidas para a Alimentação e a Agricultura. (2014). O estado da pesca e da aquicultura a nível mundial. Oportunidades e desafios. Roma.

Frangoudes, K. (2013). As mulheres na pesca: Uma perspetiva europeia. Bruxelas: Parlamento Europeu: BA-01-13-425-EN-C.

Frangoudes, K. e Keromnes, E. (2008). Women in artisanal fisheries in Brittany, France (Mulheres na pesca artesanal na Bretanha, França). Desenvolvimento, 51(2), 265 270.

Geheb, K. (2011). O regulamento e o regulamentado: Opções e dinâmicas de gestão das pescas nas pescarias do Lago Vitória, no Quénia. Dissertação de doutoramento não publicada, Universidade de Sussex, Reino Unido. Pp 113 - 138.

Gopal, N., Williams, M.J., Gerrard, S., Siar, S., Kusakabe, K., Lebel, L. e Bhujel, R. (2017). Género na aquicultura e nas pescas: Engendering security in fisheries and aquaculture. *Ciência Pesqueira Asiática*. 30S. 1-30.

Harper, S., Zeller, D., Hauzer, M., Pauly, D. e Sumaila, U.R. (2013). Mulheres e pesca: contribuição para a segurança alimentar e economias locais. *Marine Policy*. 39: 56 63.

Ikiara, M.M. (2012). Sustentabilidade, meios de subsistência, produção e oferta de esforço numa pescaria em declínio: O caso das Pescarias do Lago Vitória no Quénia. Dissertação de doutoramento não publicada, Universidade de Amesterdão, Países Baixos. Pp 97-104.

John, K. (1989). Kerala Marine fisheries Development Socio Economic Profile, Trivandrum, Centere of Development Studies.

Karuna, B., Rachna, G. e Keshav, B. (2022). Challenges and Opportunities for Fisherwomen. Conferência Internacional sobre Tendências Recentes em Ciência, Tecnologia, Gestão e Humanidades. ISBN: 978-93-5457-795-6

Khader, V. (2019) Desafios enfrentados pelas mulheres pescadoras do sul da Índia. Ata Scientific Nutritional Health 3(7): 137-139.

Khan, N.F., Collins, A.M., Nayak, P. e Armitage D. (2018). Perspectivas das mulheres na pesca de pequena escala e mudanças ambientais na lagoa Chilika. Coleção Temática MAST (En) Gendering change in Small-Scale Fisheries and fishing communities in a Globalized World.

Kleiber, D., Frangoudes, K. e Snyder, H. (2017). Promover a equidade e a igualdade de género através das orientações de pequena escala: Experiências de estudos de casos múltiplos. In. The small-scale fisheries guidelines global implementation J. Svein, R. Chuenpagdee, M.J.B. Pladines and N. Franz (Eds.), Mare publication, 14. Berlin: Springer.

Kleiber, D., Harris, L. e Vincent, A.C.J. (2018). Género e áreas marinhas protegidas: Um estudo de caso do Banco Danajon, Filipinas. Coleção Temática MAST (En) Gendering change in Small-Scale Fisheries and fishing communities in a Globalized World.

Kleiber, D., Leila, M.L., Harris, M. e Vincent, A.C.J. (2014). Género e pesca de pequena escala: A case for counting women and beyond. Peixes e Pescas, 16, 547 562

Madhu, S.R. (2014). Pescadoras do Delta do Níger da Nigéria. IFPRI, The ICLARM Quarterly, pp. 3-5

Mahesh, V., Swathi Lekshmi, P.S., Shivaprakash, S.M., Kumar Naik, A.S., Muttappa, K. e Jagadeesh, T.D. 2016. Estudo sobre a sensibilização e a participação das mulheres pescadoras em programas beneficiários do departamento estatal de pescas na costa de Karnataka, Índia. J. Exp. Zool. India 19(1): 1437-1441.

Mathew, G. (2003). Discurso de abertura no workshop sobre uma década de empoderamento das mulheres através da governação local. Canadá: Instituto de Ciências Sociais e Parceria do Sul da Ásia.

Medard, M. (2011). Mudança dos problemas económicos das mulheres nas comunidades de pescadores de perca do Nilo no Lago Vitória. Anthropologica XXXVIII: 149-172.

Nauen, C.E. (2012). Mulheres na pesca artesanal em África: Quando é que receberão a atenção que merecem? Naga, The ICLARM Quarterly, pp. 14-15

Nazy, P. (2007). Status of children in the Coastal areas of Kerala (Situação das crianças nas zonas costeiras de Kerala). Trivandrum, Índia: Universidade de Kerala.

NPC (2006). National Population Commission 2006 Figure, Governo do Estado de Nasarawa (2006). Ministério da Informação, relatório anual de Lafia. Pp 45.

Oresegun, U., Ofuoku, A.U., Uzokwe, U.N. e Ideh, V. (2017). Análise Comparativa de Piscicultores Cooperativos e Não Cooperativos na Zona Agro-Ecológica Central do Estado do Delta, Nigéria. *Jornal de Sistemas Agrícolas de Extensão*. 2(1): 97-104.

Rico, C. (2015). Contem connosco também. Foco no género. Dossiê Yemaya. Coletivo Internacional de Apoio aos Trabalhadores da Pesca. p. 7.

Santos, A.N. (2015). A pesca como modo de vida: meios de subsistência, identidades e perspectivas de género da pesca artesanal no leste do Brasil. *Política Marinha*. 62, 279 288.

Sen, S., Seki, E. e Van Der Mheen-Sluijer, E. (2013). Questões de género na pesca e na aquicultura, In: Questões de género na pesca e na aquicultura. Actas do seminário sobre o reforço da participação das mulheres no desenvolvimento das pescas, 4-7 de dezembro de 1990, Victoria Falls, Zimbabué. Pp 56 - 60.

Sharma, P. (2016). Sustentabilidade local: Managing and Planning Ecologically Sound Places. New York: St. Martin's Press.

Sreeranganadhan, K. (2012). Papel das sociedades cooperativas na comercialização de peixe e produções de peixe em Kerala. Comité de Bolsas Universitárias: Nova Deli, p. 33.

Entidade das Nações Unidas para a Igualdade de Género e o Empoderamento das Mulheres (ONU Mulheres). (2018). Transformar as promessas em acções: A igualdade de género na Agenda 2030 para o Desenvolvimento Sustentável. Nova Iorque, NY: ONU Mulheres.

Weeratunge, M. e Snyder, L. (2014). Mulheres no centro de investigação e desenvolvimento da aquicultura em três países asiáticos. Lao 32. Halim, S., 2001. Women and Children Study, PDR: role of women in fisheries research and Feasibility Study for the Shrimp Component of the development - situation and needs. Aquaculture Fourth Fisheries Project (FFP), Fourth Fisheries Asia, 3(4): 18-19.

Williams, M. (2019). Expandindo os horizontes: Ligar o género e as pescas à economia política. Estudos Marítimos, 18, 399-407. doi:10.1007/s40152-019-00149-y

Williams, M.J. (2008). Porquê olhar para a pesca através de uma lente de género? Desenvolvimento, 51(2), 180185.

Williams, M.J. (2012). Simpósio internacional sobre as mulheres na pesca asiática: Quinto Fórum Asiático das Pescas, 13 de novembro de 1998, Chiang Mai, Tailândia. Pp 75 - 90.

Williams, M.J., Gopal, N., Rejula, K., Pedroza-Gutierrez, C., Satapornvanit, A.N., Ramirez, P. e Choudhury, A. (2019). Longo relatório do género na aquicultura e pescas (GAF7): Expandindo os horizontes. In The 7th Global Conference on Gender in Aquaculture and Fisheries (pp. 1-57). Kuala Lumpur, Malásia: Secção de Género em Aquacultura e Pescas da Sociedade Asiática de Pescas.

Banco Mundial. 2012. Colheita oculta. The global contribution of capture fisheries. Washington, D.C.

Yingst, A. e Skaptadottir, U.D. (2018). Trabalho de género na indústria de transformação de peixe islandesa. MAST

Yodanis, C.L. (2000). A construção do género e a segregação profissional: Um estudo sobre as mulheres e o trabalho nas comunidades piscatórias. *Qualitative Sociology*. 23(3), 267 290.

Zhao, M., Tyzack, M., Anderson, R. e Onoakpovike, E. (2013). Mulheres como trabalhadoras visíveis e invisíveis na pesca: Um estudo de caso do norte de Inglaterra. Marine Policy. Elsevier, 37, 69 76.

ÍNDICE

MIX
Papier aus verantwortungsvollen Quellen
Paper from responsible sources
FSC® C105338

Printed by Books on Demand GmbH, Norderstedt / Germany